前沿、大气、不拘一格的
客厅案例精粹
集亲情互动、待客娱乐于一体的
全能客厅空间设计

简约 简欧
现代 混搭

全能客厅

设计精粹第2季

全能客厅设计精粹第2季编写组 编

U0310676

舒适型
客厅设计

机械工业出版社
CHINA MACHINE PRESS

客厅现已成为大多数家庭的多功能综合性活动场所，既是用来招待客人的地方，又是一家人待在一起最久的地方。“全能客厅设计精粹第2季”包含了大量优秀的客厅设计案例，包括《客厅电视墙设计》《紧凑型客厅设计》《舒适型客厅设计》《奢华型客厅设计》《客厅顶棚设计》五个分册。每个分册穿插材料选购、设计技巧、施工注意事项等实用贴士，言简意赅，通俗易懂，旨在让读者对家庭装修中的各环节有一个全面的认识。

图书在版编目（CIP）数据

舒适型客厅设计 / 《全能客厅设计精粹》编写组编. — 2版. — 北京 : 机械工业出版社, 2015.6
(全能客厅设计精粹. 第2季)
ISBN 978-7-111-50895-3

Ⅰ. ①舒… Ⅱ. ①全… Ⅲ. ①客厅－室内装饰设计－图集 Ⅳ. ①TU241-64

中国版本图书馆CIP数据核字(2015)第162689号

机械工业出版社（北京市百万庄大街22号 邮政编码 100037）
策划编辑：宋晓磊 责任编辑：宋晓磊
责任印制：李 洋 责任校对：白秀君
北京汇林印务有限公司印刷

2015年8月第2版第1次印刷
210mm × 285mm · 7印张 · 194千字
标准书号：ISBN 978-7-111-50895-3
定价：34.80元

凡购本书，如有缺页、倒页、脱页，由本社发行部调换
电话服务 网络服务
服务咨询热线:(010)88361066 机工官网:www.cmpbook.com
读者购书热线:(010)68326294 机工官博:weibo.com/cmp1952
(010)88379203 教育服务网:www.cmpedu.com

金书网:www.golden-book.com

目录 Contents

Tips

客厅设计应注意的基本事项

在对客厅进行设计时，营造宽敞的环境非常重要。不管空间大小，都要注意这一点。不管是否做人工吊顶，都必须确保空间的高度。这个高度应该是客厅的最大空间净高(楼梯间除外)。营造这种高度的方法包括进行各种视错觉处理。设计客厅时还应注意，在条件允许的情况下，无论是侧边通过还是中间横穿，都应确保进入客厅或通过客厅的交通线是顺畅的。客厅的家具应考虑家庭活动中所有成员的适用性。同时还要考虑老人和小孩的使用便利性，有时候客厅的设计必须为他们的方便做出一些让步。

舒适型客厅设计

简约

镜面锦砖

不锈钢装饰线

有色乳胶漆

木纹大理石

密度板雕花隔断

白枫木格栅

羊毛地毯

印花壁纸

爵士白大理石

印花壁纸

印花壁纸

皮纹砖

中花白大理石

白枫木饰面板

白枫木百叶

银镜装饰线　　密度板造型贴银镜

强化复合木地板　　雕花茶镜

米黄色洞石　　黑镜装饰线　　密度板雕花隔断

白枫木饰面板

白色人造大理石

印花壁纸

强化复合木地板

密度板雕花隔断

陶瓷锦砖

羊毛地毯

黑胡桃木装饰线

木纹大理石

立体艺术墙贴

白枫木装饰线

Tips

简约客厅不是简单客厅

所谓简约客厅，就是采用较少的、做工细致的、造型简洁的装饰物来“打扮”客厅，而且风格以简洁、利落的线条为主，以使房间显得通透、宽敞。房主可以随心所欲地安排室内色彩，经济实用并且效果也较为显著。

但是，简洁、利索的装修风格并不等于简单的装修。如果忽略了生活的需求，一味地追求简约，那就成了过分强调形式的“伪简约”。事实上，真正的简约是强调精粹的凝结，是滤去城市喧嚣与浮躁的明快而悠扬的表达，而不是让客厅显得空空荡荡。

印花壁纸

布艺软包

白色玻化砖

水曲柳饰面板

木纹玻化砖

有色乳胶漆

石膏板拓缝

雕花茶镜

米黄色大理石

水曲柳饰面板

密度板雕花隔断

石膏板拓缝

银镜装饰线

车边灰镜

有色乳胶漆

手绘墙饰

米黄色洞石

肌理壁纸

米色网纹玻化砖

中花白大理石

装饰灰镜

泰柚木饰面板

木纹玻化砖

强化复合木地板

中花白大理石

黑色烤漆玻璃

密度板造型隔断

印花壁纸

爵士白大理石

钢化玻璃搁板

有色乳胶漆

黑色烤漆玻璃

陶瓷锦砖

石膏板

水曲柳饰面板

中花白大理石

混纺地毯

肌理壁纸

灰白色网纹玻化砖

木纹大理石

人造大理石踢脚线

米色洞石
车边银镜

木纹大理石

白色玻化砖

爵士白大理石

羊毛地毯

直纹斑马木饰面板

Tips

给背阴客厅增“亮”

1.补充光源。光源在立体空间里能塑造出耐人寻味的层次感。增加一些辅助光源，尤其是日光灯类的光源，将其映射在天花板和墙上，或者用射灯打在浅色的画面上，往往能给客厅添“亮”不少。但补充光源应适当，如果增添了大量的辅助光源，就会影响客厅的整体装饰效果。

2.统一色彩基调。背阴的客厅最好不要使用沉闷的色调，通常选用浅米黄色亚光地砖和浅蓝色的内墙涂料，合适的冷色调能突破暖色的沉闷，很好地调节室内光线。另外，应尽量使颜色统一协调，过于突出的色块会破坏整体的柔和与温馨。

3.选用浅色调的家具。选用白榉木或枫木饰面的亚光漆家具，能够较好地调节光线。

4.尽可能增大活动空间。应该根据客厅的具体情况，设计合适的家具，节约每一寸空间，特别是一些死角，更要充分利用起来。这样既能遮挡死角造成的不美观，在视觉上保持清爽的感觉，又能使客厅显得更加光亮。

密度板雕花贴银镜

石膏板

艺术墙贴

印花壁纸

混纺地毯

水曲柳饰面板

米色网纹玻化砖

有色乳胶漆
羊毛地毯

镜面锦砖
肌理壁纸

黑白根大理石波打线

雕花烤漆玻璃

装饰银镜

米色网纹大理石

灰白色网纹玻化砖

车边银镜

米色玻化砖

印花壁纸

黑色烤漆玻璃

印花壁纸

皮革软包

肌理壁纸

木纹大理石

米色网纹大理石

黑色烤漆玻璃

印花壁纸

陶瓷锦砖

石膏板拓缝

白色玻化砖

雕花银镜

米色大理石

装饰灰镜

灰白色网纹玻化砖

Tips

合理设计客厅照明

客厅是室内最大的休闲、活动空间，要求场地明亮而舒适。一般会运用主照明和辅助照明相互搭配的方式来营造空间氛围。主照明常用吊灯或吸顶灯，使用时需注意上下空间的亮度要均匀，否则会使客厅显得阴暗，令人不舒服。另外，也可以在客厅周围增加隐藏的光源，如在吊顶上安装隐藏式灯槽，可以使客厅空间显得更为高挑。

客厅的灯光多以黄光为主，光源色温最好在2800~3000K。也可考虑将白光及黄光互相搭配，借由光影的层次变化调配出不同的空间氛围。

客厅的辅助照明设施主要是落地灯和台灯，它们是局部照明以及加强空间造型最理想的灯具。沙发旁边的台灯光线要柔和，最好用落地灯做阅读灯。受限于电源位置，落地灯的位置最好设计在一个固定的区域中。

水曲柳饰面板

条纹壁纸

水晶装饰珠帘

中花白大理石

装饰灰镜

雕花银镜

茶色烤漆玻璃

白色玻化砖

水晶装饰珠帘

条纹壁纸

石膏板拓缝

强化复合木地板

米色网纹大理石

白枫木装饰立柱

混纺地毯

水曲柳饰面板

羊毛地毯

米黄色洞石

密度板树干造型贴银镜

陶瓷锦砖

装饰灰镜

密度板雕花隔断

泰柚木饰面板

印花壁纸

密度板雕花隔断

泰柚木饰面板

浅咖啡色网纹大理石

白色乳胶漆

水曲柳饰面板

肌理壁纸

木质搁板

有色乳胶漆

有色乳胶漆

水曲柳饰面板

肌理壁纸

羊毛地毯

手绘墙饰

羊毛地毯

肌理壁纸　　白色玻化砖

白色玻化砖

木质踢脚线

印花壁纸

石膏板拓缝

雕花灰镜

Tips

为层高较低的客厅选择灯饰

层高较低的客厅可选用吸顶灯加落地灯作为室内光源，使客厅显得美观大方，而且具有时代感。如在沙发旁配上落地灯，沙发侧面的茶几上再配上装饰性的工艺台灯，或者在附近的墙上安装壁灯，不仅能够保证阅读时的局部照明，而且可以在会客交谈时营造出亲切和谐的气氛。

舒适型客厅设计

简欧

密度板雕花

黑白根大理石

米黄色大理石

印花壁纸

车边银镜

米黄色玻化砖

米白色洞石

印花壁纸

艺术地毯

白色玻化砖

印花壁纸

布艺软包

艺术地毯

肌理壁纸

浅咖啡色网纹大理石

装饰银镜

黑镜装饰线

米色大理石

中花白大理石

强化复合木地板

印花壁纸

米黄色釉面墙饰

艺术地毯

车边茶镜

米色亚光玻化砖

印花壁纸

爵士白大理石

装饰银镜

爵士白大理石

人造大理石浮雕

米色玻化砖

皮革软包

米黄色网纹大理石

车边灰镜

Tips

客厅布局省钱法

事实上，传统的客厅装修是不省钱的。客厅的传统布局大多是电视墙的对面摆放两三张沙发，中间摆一个茶几。这种方式显得较为死板、单调，而且装修电视墙和沙发墙所用的建材和工费也都比较昂贵。如果改掉这种死板的布局方式，另换一种灵活且别样的方式，不仅可以省去不少装修的花费，还能享受另一种新鲜而健康的生活方式。例如，将电视机从墙上"搬"下来，放在一个带有滑轮、方便移动的带抽屉的电视柜上，可以随意地放置在墙角，而沙发也可以根据会客、聊天的需要改换摆放布局。

印花壁纸

装饰银镜

米黄色网纹大理石

印花壁纸

雕花银镜

米黄色大理石

银镜装饰线

陶瓷锦砖

印花壁纸

米色玻化砖

印花壁纸

雕花银镜

车边茶镜

印花壁纸

装饰灰镜

密度板雕花隔断

米色玻化砖

混纺地毯

中花白大理石

雕花银镜

米色网纹亚光墙砖

雕花银镜

米色网纹玻化砖

米黄色大理石

密度板雕花贴银镜

灰白色洞石

中花白大理石

白枫木饰面板

黑色烤漆玻璃

米白色洞石

米色大理石

布艺软包

浅咖啡色网纹大理石

黑金花大理石

Tips

乳胶漆的选购

1.用鼻子闻。真正环保的乳胶漆应该是水性、无毒、无味的。如果闻到有刺激性气味或工业香精味，就不能选购。

2.用眼睛看。将乳胶漆静置一段时间后，正品乳胶漆的表面会形成厚厚的、有弹性的氧化膜，不易裂；次品形成的膜则很薄，易碎，且有辛辣气味。

3.用手感觉。用木棍将乳胶漆搅拌均匀，再挑起来。优质乳胶漆往下流时会成扇面形。用手指摸，正品乳胶漆手感应该是光滑、细腻的。

4.检测是否耐擦洗。可将少许涂料刷到水泥墙上，涂层干后用湿抹布擦洗，高品质的乳胶漆耐擦洗，而低档的乳胶漆擦几下就会出现掉粉、露底、褪色的现象。

5.尽量到信誉好的正规商店或专卖店购买，购买国内、国际的知名品牌。选购时认清商品包装上的标识，特别是厂名、厂址、产品标准号、生产日期、有效期及产品使用说明书等。购买后一定要索取购货发票等有效凭证。

有色乳胶漆

石膏装饰线

有色乳胶漆

白色玻化砖

印花壁纸

金属壁纸

皮革软包

爵士白大理石

白枫木装饰线

石膏板浮雕

木纹大理石

密度板雕花贴银镜

米色玻化砖

雕花银镜

皮革软包

白松木格栅吊顶

白色玻化砖

陶瓷锦砖

白色玻化砖

雕花灰镜
中花白大理石

车边银镜
灰白色网纹玻化砖

米黄色大理石

直纹斑马木饰面板

印花壁纸

雕花茶镜

枫木装饰线

皮革软包

木纹玻化砖

银镜装饰线

印花壁纸

米黄色大理石

羊毛地毯

米色网纹大理石

雕花银镜

Tips

环保型家具的选购

1. 看材质、找标识。购买家具时，注意查看家具的材料，究竟是实木还是人造板材。一般来说，实木家具给室内造成污染的可能性较小。此外，要看家具上是否有国家认定的“绿色产品”标识，有这个标识的家具一般可以放心购买和使用。

2. 购买知名品牌。在与销售人员讨价还价的时候，不要忘了询问家具生产厂家的情况。一般来说，知名品牌、有实力的大厂家所生产的家具出现污染问题的情况比较少。

3. 小心刺激性气味。挑选家具时，一定要打开家具，闻一闻里面是否有刺激性气味，这是判定家具是否环保最有效的方法。如果刺激性气味很大，就说明家具采用的板材中含有很多游离性甲醛等有毒物质，购买后会污染室内空气，危害身心健康。

4. 触摸家具。如果通过以上三个办法仍难以判定家具是否环保，不妨摸摸家具的封边是否严密。严密的封边会把游离性甲醛密闭在板材内，不会污染室内空气。

印花壁纸

装饰茶镜

白枫木装饰线

石膏板吊顶

印花壁纸

装饰灰镜

车边银镜

石膏板浮雕

雕花银镜

印花壁纸

印花壁纸

中花白大理石

印花壁纸

仿古砖

密度板拓缝

米色亚光玻化砖

陶瓷锦砖

米色网纹玻化砖

米色大理石

印花壁纸

车边银镜

白色玻化砖

印花壁纸

黑色烤漆玻璃

印花壁纸

车边茶镜

印花壁纸

浅咖啡色网纹玻化砖

皮革装饰硬包

白色亚光玻化砖

艺术地毯

浅咖啡色网纹大理石

密度板雕花贴银镜

黑晶砂大理石波打线

肌理壁纸

实木雕花描银

黑白根大理石

印花壁纸

米黄色网纹大理石

密度板雕花贴茶镜

米色网纹玻化砖

米色大理石

大理石踢脚线

印花壁纸

红樱桃木饰面板

Tips

木质家具的选购

选购木质家具时，一般应先考虑居室的总体尺寸和平面布置，以确定家具的款式和表面装饰的色泽，然后再对家具产品的外观质量进行检查，可参考以下五个方面。

1. 木材要经过干燥处理，不能使用被蛀蚀的木材，外表和内部存放物品部位的用材不能有树脂囊。

2. 木质家具应做到结构牢固，框架稳固，不松动。

3. 家具上采用人造板材的部件都应进行封边处理，各种配件安装不得少件，也不得有漏钉、透钉等现象。

4. 板件（如门板、台面等）表面应平整，不得有明显翘曲。

5. 柜门和抽屉开关要灵活，当抽屉拉出三分之二后，下垂度不应大于20mm，左右摇摆度应小于15mm。

舒适型客厅设计

现代

木纹大理石

印花壁纸

实木雕花贴清玻璃

仿云纹玻化砖　有色乳胶漆

桦木饰面板

装饰灰镜

有色乳胶漆

水曲柳饰面板

石膏饰面板

浅咖啡色网纹大理石

石膏饰面板

混纺地毯

石膏板拓缝

有色乳胶漆

米色亚光玻化砖

白枫木装饰立柱

木纹大理石

石膏板拓缝

混纺地毯

白枫木装饰线

水曲柳饰面板

有色乳胶漆

中花白大理石

水曲柳饰面板

羊毛地毯

装饰灰镜

米色网纹大理石　强化复合木地板

水曲柳饰面板

胡桃木饰面板

陶瓷锦砖

立体艺术墙贴

Tips

实木家具的选购

首先，应向销售商询问家具是否是“全实木”，何处使用了密度板。其次，看柜门、台面等主料表面的花纹、疤节是否里外对应，必要时需检查一下表层是不是贴上去的。用手敲几下木面，实木制件会发出较清脆的声音，而人造板则声音低沉。最后，也是最重要的一步，就是闻一下家具。多数实木带有木材特有的香气，松木有松脂味，柏木有柏香味，樟木有很明显的樟木味，但纤维板、密度板则会散发出较浓的刺激性气味，尤其是在柜门或抽屉内。

密度板肌理造型

木质搁板

胡桃木饰面板

不锈钢装饰线

手绘墙饰

爵士白大理石

白色乳胶漆

强化复合木地板

白色乳胶漆

石膏板拓缝

米色洞石

红樱桃木装饰线密排

肌理壁纸

羊毛地毯

浅咖啡色网纹大理石

印花壁纸

中花白大理石

黑色烤漆玻璃

水曲柳饰面板

米白色玻化砖

白色玻化砖

水曲柳饰面板

印花壁纸

陶瓷锦砖

车边银镜

有色乳胶漆

混纺地毯

米黄色网纹大理石

黑镜装饰线

灰白色网纹玻化砖

车边银镜

装饰茶镜

石膏板拓缝

爵士白大理石

羊毛地毯

米黄色洞石

条纹壁纸

木质搁板

白色亚光玻化砖

白色玻化砖

白色乳胶漆

印花壁纸

车边灰镜

米白色亚光玻化砖

镜面锦砖

木纹大理石

Tips

沙发的选购

1. 考虑舒适性。沙发的座位应以舒适为主，其坐面与靠背均应适合人体的生理结构。

2. 注意因人而异。对老年人来说，坐面的高度要适中，太低则起坐都不方便；对年轻夫妇来说，买沙发时还要考虑到将来孩子出生后的安全性与耐用性，沙发不要有尖硬的棱角，颜色选择鲜亮活泼一些的为宜。

3. 考虑房间大小。小房间宜用小巧的实木沙发或布艺沙发；大客厅若摆放较大沙发并配以茶几，则会更显舒适大方。

4. 考虑沙发的可变性。由5~7个单独的沙发组合成的组合沙发具有可移动、可变化的特点，可根据需要变换布局，随意性较强。

5. 考虑与家居风格相协调。沙发的面料、图案、颜色要与居室的整体风格相统一。先选购沙发，再购买其他客厅家具，也是一个不错的选择。

中花白大理石

直纹斑马木饰面板

白色乳胶漆

白枫木饰面板拓缝

木纹大理石

装饰灰镜

米色洞石

泰柚木饰面板

灰镜装饰线

白色乳胶漆

装饰壁画

木纹大理石

石膏板拓缝

印花壁纸

米色网纹大理石

雕花茶镜

米黄色玻化砖

茶色烤漆玻璃
仿洞石玻化砖

白枫木装饰线

石膏板拓缝

木纹玻化砖

车边银镜

密度板雕花贴茶镜

条纹壁纸

米白色洞石

木纹大理石

木纹玻化砖

米黄色洞石

羊毛地毯

印花壁纸

有色乳胶漆

有色乳胶漆

水曲柳饰面板

羊毛地毯

Tips

藤艺家具的选购

1. 细看材质。如果藤材表面起皱纹，说明该家具是用幼嫩的藤加工而成的，韧性差、强度低，容易折断和腐蚀。藤艺家具用材讲究，除用云南的藤以外，很多优质的藤材来自印度尼西亚、马来西亚等东南亚国家，这些藤质地坚硬，首尾粗细一致。

2. 用力搓藤杆的表面，应特别注意藤节的部位，是否有粗糙或凹凸不平的感觉。印度尼西亚地处热带雨林地区，终年阳光、雨水充沛，火山灰质土壤肥沃，那里出产的藤以材质饱满匀称而著称。

3. 可用双手抓住藤家具边缘，轻轻摇一下，感觉一下框架是不是稳固；看一看家具表面的光泽是否均匀，是否有斑点、异色和虫蛀的痕迹。

装饰灰镜

密度板造型贴黑镜

密度板雕花隔断

木纹大理石

白枫木饰面板

有色乳胶漆

木纹大理石

肌理壁纸

白枫木饰面板

印花壁纸

中花白大理石　　混纺地毯

车边银镜

装饰茶镜

爵士白大理石

木纹大理石

米色网纹大理石

车边银镜

印花壁纸

镜面锦砖

有色乳胶漆

木质搁板

白色釉面墙砖

爵士白大理石

强化复合木地板

米色大理石

羊毛地毯

白色釉面墙砖

密度板造型隔断

水曲柳饰面板

肌理壁纸

浅咖啡色网纹玻化砖

车边黑镜

印花壁纸

木质搁板 印花壁纸

实木装饰立柱

银镜装饰线

陶瓷锦砖

石膏板拓缝

条纹壁纸

陶瓷锦砖

肌理壁纸

黑胡桃木饰面板

皮革软包

白色玻化砖

Tips

板式家具的选购

1. 表面质量。选购时要看板材的表面是否有划痕、压痕、鼓泡、脱胶起皮和残留胶痕等缺陷；还要看木纹图案是否自然流畅，不要有人工造作的感觉。

2. 制作质量。板式家具是成型的板材经过裁锯、装饰封边、部件拼装制成的，其质量的好坏主要取决于裁锯质量、边和面的装饰质量以及板件端口的质量。

3. 金属件、塑料件的质量。板式家具均用金属件、塑料件作为紧固连接件，所以金属件的质量也决定了板式家具内在质量的好坏。金属件要求灵巧、光滑，表面电镀好，不能有锈迹、毛刺等，配合件的精度要求更高。

4. 甲醛释放量。板式家具一般以刨花板和中密度纤维板为基材。在选购时应先打开门和抽屉，若嗅到一股刺激性气味，造成流泪或引起咳嗽等，则说明家具中甲醛释放量超过标准规定，不宜选购。

舒适型客厅设计

混搭

茶镜吊顶

白枫木饰面板

密度板雕花隔断

水曲柳饰面板

有色乳胶漆

米色亚光玻化砖

白色釉面墙砖

陶瓷锦砖

直纹斑马木饰面板

米黄色大理石

有色乳胶漆

仿古砖

桦木饰面板

皮革软包

桦木饰面板

印花壁纸

红樱桃木饰面板

茶镜装饰线

肌理壁纸

胡桃木装饰线

米色洞石

Tips

仿古家具的选购

购买仿古家具时，要在材质上分清是花梨木还是鸡翅木，是红木还是紫檀木等，这都是很有讲究的。如果一件仿古家具标明是红木或是紫檀木的，而价格却很便宜，那一定不是真的。材质符合标签说明的家具，还要具体看其木质，因为每一种木料也分高、中、低档。如果想要选购一件价格不菲的仿古家具，最好找懂行的人同去。选购时，要仔细检查家具每一处的外观细部和做工，如脚部是否水平稳妥，榫头是否结合紧密，是否有虫蛀的痕迹，抽屉拉门开关是否灵活，接合处的木纹理是否衔接顺畅等。

有色乳胶漆

白枫木装饰线

肌理壁纸

布艺软包

艺术地毯

米黄色玻化砖

陶瓷锦砖

陶瓷锦砖

艺术墙贴

白枫木装饰线

印花壁纸

有色乳胶漆

胡桃木饰面板

仿古砖

雕花茶镜

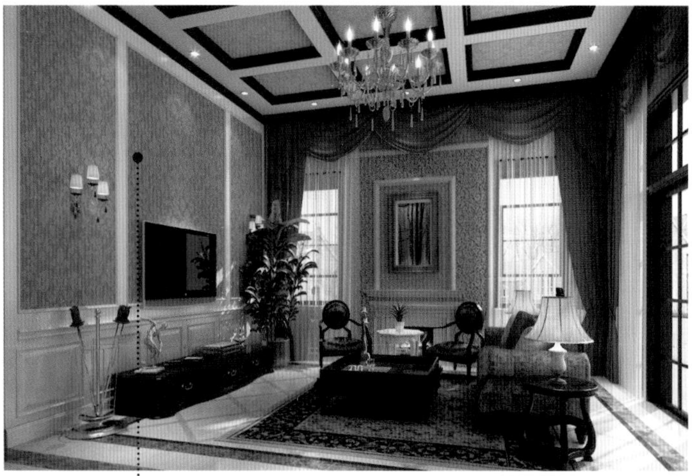

印花壁纸

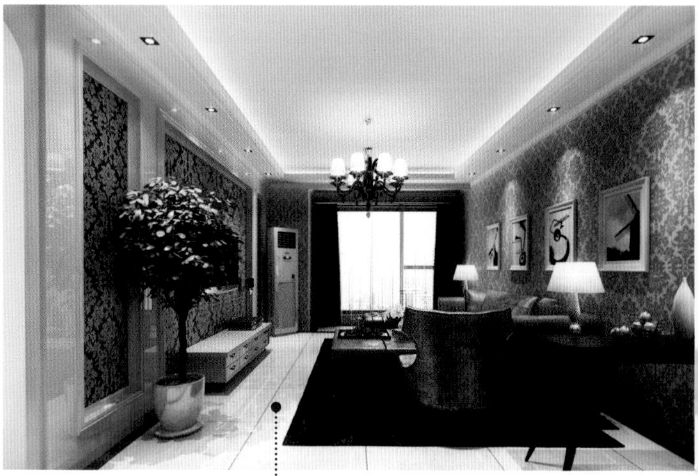

米黄色玻化砖

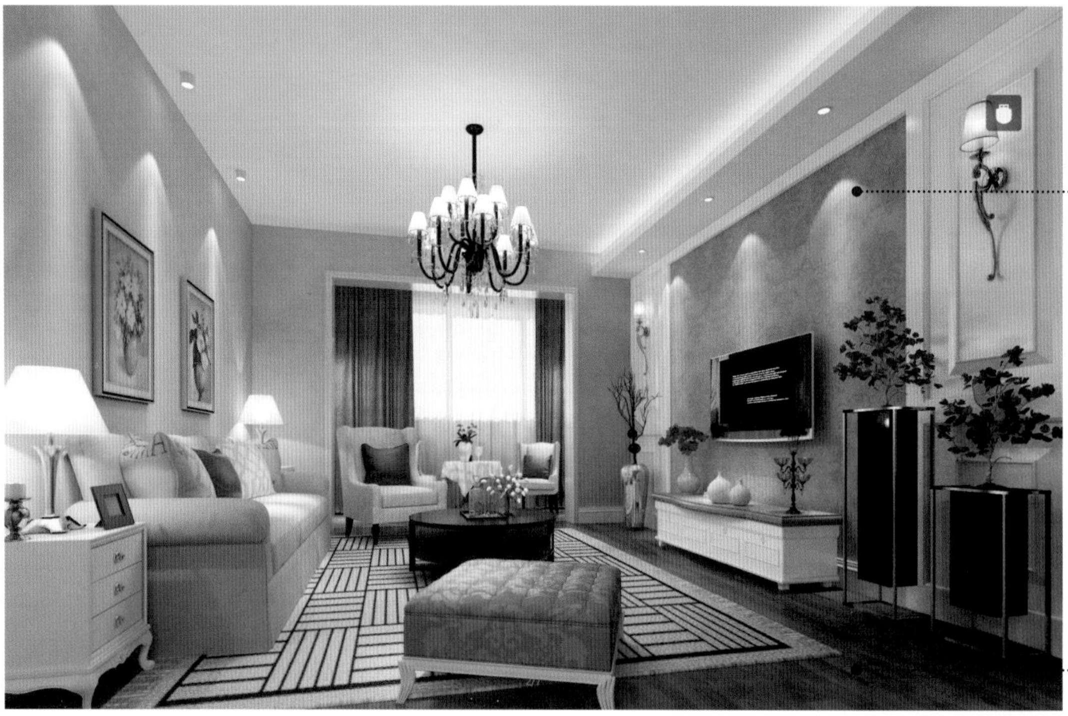

印花壁纸

强化复合木地板

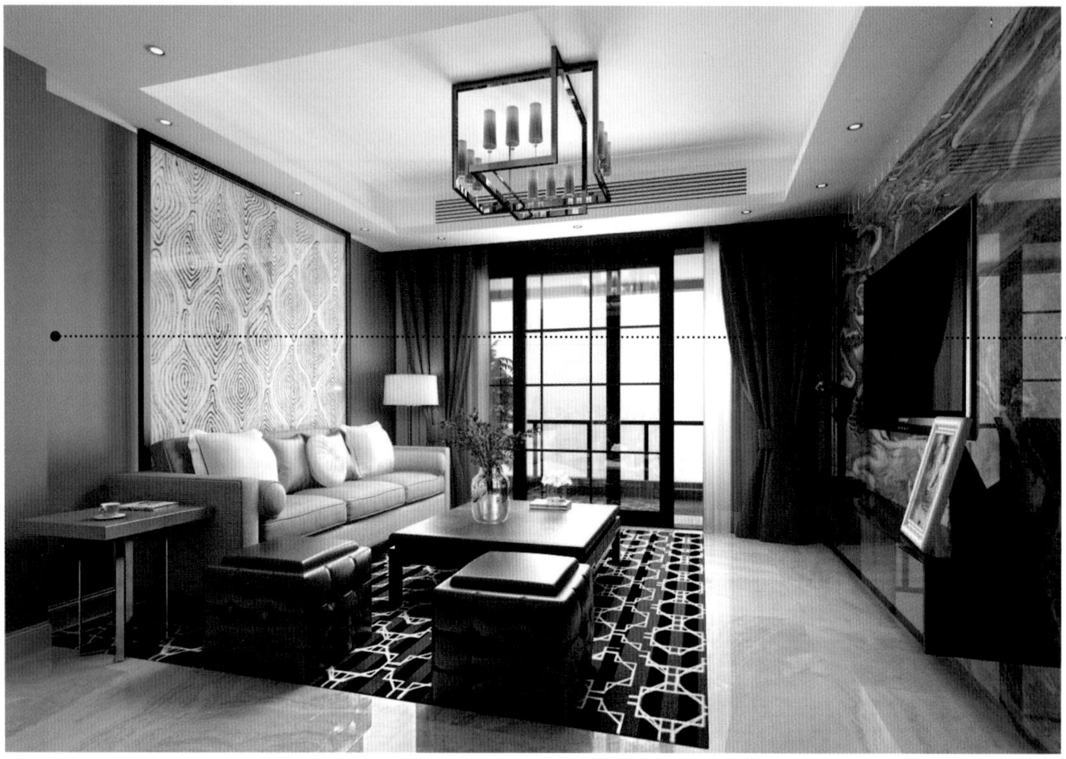

有色乳胶漆

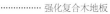

印花壁纸 木质顶角线

有色乳胶漆

米色大理石

条纹壁纸

文化石

车边银镜

水曲柳饰面板

印花壁纸

米色大理石

黑镜装饰线

胡桃木窗棂造型隔断

陶瓷锦砖
印花壁纸

泰柚木饰面板
混纺地毯

水曲柳饰面板

条纹壁纸

有色乳胶漆　白色釉面墙砖

车边茶镜

米色洞石

印花壁纸

木质格栅吊顶

强化复合木地板

选择合适的客厅窗帘

客厅的窗帘追求素雅大方，以使空间显得宽敞明亮。窗帘色彩应与墙壁、家具等相协调，建议采用中间色调。客厅窗帘可分为中式、欧式、休闲三种风格。款式上多见悬挂、对开、落地式样。通常外帘用窗纱、里帘采用半透明窗帘，若再配以窗幔，附以饰带等进一步修饰，效果则更好。

有色乳胶漆

雕花烤漆玻璃

条纹壁纸

装饰银镜

石膏装饰线

白枫木装饰线

印花壁纸

有色乳胶漆

白桦木饰面板

强化复合木地板

米黄色大理石

木纹玻化砖

白枫木饰面板

桦木饰面板

中花白大理石

红砖饰面

有色乳胶漆

米黄色网纹大理石

印花壁纸

胡桃木装饰立柱

茶色烤漆玻璃

陶瓷锦砖

白色玻化砖

肌理壁纸

装饰茶镜

陶瓷锦砖

米白色洞石

米黄色亚光玻化砖

车边茶镜

米色亚光玻化砖

石膏板拓缝
羊毛地毯

肌理壁纸
灰白色网纹玻化砖

有色乳胶漆

仿古砖

Tips

为不同朝向的窗户搭配窗帘

1.北窗。朝北的窗户因为背阴，光照不好，在冬天则需要使用隔热功能好的窗帘，如风琴帘。风琴帘形如手风琴，是双层的，便于隔热，可以自由地伸缩。这样起到更好的保温作用，从而节省能源。

2.东窗。朝东的窗户始终给人温暖、明亮的感觉。清晨的阳光普照更是不可多得，所选的窗帘通常以能透进光线为原则，如丝柔卷帘、丝柔垂帘等。卷帘是通过卷裹的形式来完成升降的，无论卷上还是放下，它始终给人以干净利落的感觉。

3.西窗。黄昏时，西斜的日光伤害性最大，这时大气已经充分受热，射进房间的阳光会使家具和室内的有色布料受损，故应选用有遮光功能的窗帘。阳光帘、遮光卷帘、遮光布、百叶帘等可以通过窗帘本身的平面使阳光在上面发生折射，减弱光照的强度。

4.南窗。朝南的窗户是重要的自然光源吸纳口。尤其在夏季，阳光刺眼，因此可选择一些可调节入光量的百叶帘或阳光卷帘等。

仿古砖

木质搁板

车边银镜

羊毛地毯

彩绘玻璃
胡桃木饰面板

绯红色网纹大理石

文化砖

布艺软包

文化石

皮革软包

水曲柳饰面板

陶瓷锦砖

爵士白大理石

白枫木饰面板

印花壁纸

印花壁纸
雕花银镜

皮革软包

木质装饰横梁

木纹大理石

中花白大理石

胡桃木饰面板

水曲柳饰面板

大理石拼花波打线

米色玻化砖

米黄色洞石

印花壁纸

米色洞石

白枫木饰面板

米色玻化砖

装饰银镜

肌理壁纸

白色乳胶漆

有色乳胶漆

印花壁纸

深咖啡色网纹大理石

印花壁纸

有色乳胶漆

实木格栅

米白色洞石

水曲柳饰面板

有色乳胶漆

云纹大理石

仿古砖

混纺地毯